Patrick Dooyum
Tersoo Eric Taave
Simon Edoka Edache

O impacto da fermentação nos níveis de PAHs em extratos de Artemisia Annua

AF671190

Patrick Dooyum
Tersoo Eric Taave
Simon Edoka Edache

O impacto da fermentação nos níveis de PAHs em extratos de Artemisia Annua

ScienciaScripts

Imprint

Cover image: www.ingimage.com

This book is a translation from the original published under ISBN 978-620-3-86156-3.

Publisher:
Sciencia Scripts
is a trademark of
Dodo Books Indian Ocean Ltd. and OmniScriptum S.R.L publishing group

120 High Road, East Finchley, London, N2 9ED, United Kingdom
Str. Armeneasca 28/1, office 1, Chisinau MD-2012, Republic of Moldova, Europe
Managing Directors: Ieva Konstantinova, Victoria Ursu
info@omniscriptum.com

Printed at: see last page
ISBN: 978-620-8-53229-1

IMPACTO DA FERMENTAÇÃO NOS TEORES DE PAH EM EXTRACTOS DE ARTEMISIA ANNUA

Patrick Dooyum

Universidade Joseph Sarwuan Tarka, Makurdi, Nigéria

florapatrick619@gmail.com

+234 814 921 7691

Tersoo Eric Taave

Universidade Joseph Sarwuan Tarka, Makurdi, Nigéria

+234 902 415 5924

&

Edache Simon Edoka

Universidade Estatal de Benue, Makurdi, Nigéria

edachesimon2@gmail. com

+234 703 242 1095

Visão geral

Este estudo avaliou os hidrocarbonetos aromáticos policíclicos (PAH) em extractos de folhas fermentadas de Artemisia annua, uma planta medicinal conhecida pelos seus benefícios antimaláricos e para a pele. Com a crescente utilização da planta na medicina tradicional nigeriana, explorámos a forma como a fermentação, que aumenta os compostos bioactivos, afecta os níveis de PAH - conhecidos pelos seus riscos carcinogénicos e mutagénicos. As folhas foram fermentadas com Saccharomyces cerevisiae e analisadas por Cromatografia Gasosa-Espectrometria de Massa (GC-MS), identificando 24 compostos PAH, incluindo Naftaleno e Antraceno. Os resultados mostraram que a fermentação pode alterar os perfis de PAH, com alguns compostos exibindo concentrações aumentadas que podem representar riscos para a saúde se consumidos em excesso. Embora a fermentação possa melhorar as propriedades terapêuticas, também levanta preocupações de segurança relativamente à contaminação por PAH nas plantas medicinais, sublinhando a necessidade de uma regulamentação cuidadosa nas práticas da medicina tradicional.

Palavras-chave: Hidrocarbonetos aromáticos policíclicos (PAHs), Artemisia annua, Fermentação,

Saccharomyces cerevisiae, cromatografia gasosa-espetrometria de massa (GC-MS).

Índice

CAPÍTULO 1: INTRODUÇÃO

1.1 Antecedentes do estudo

Os hidrocarbonetos aromáticos policíclicos (HAP) são um grupo de compostos orgânicos constituídos por dois, três ou mais anéis aromáticos condensados. Alguns deles são classificados como cancerígenos para os seres humanos pela Agência Internacional de Investigação do Cancro (IARC, 2010). Dadas as suas caraterísticas de longa duração e a sua capacidade de se agregarem nos organismos vivos, os HAP são amplamente investigados pelo seu potencial para induzir efeitos nocivos para a saúde, como a mutagenicidade, a teratogenicidade e a carcinogenicidade (Srogi, 2022). Estes compostos são frequentemente encontrados no ambiente, nomeadamente no solo, na água e no ar, representando riscos significativos para a saúde humana e para os ecossistemas (Ukaogo *et al.,* 2021).

Nos últimos anos, tem sido dada uma atenção crescente à deteção de hidrocarbonetos aromáticos policíclicos (HAPs) em plantas medicinais, nomeadamente naquelas que foram submetidas a diferentes técnicas de processamento, como a fermentação. Para além de melhorar as qualidades nutricionais e terapêuticas das plantas, a fermentação tem a capacidade de modificar a sua composição química, incluindo a produção ou decomposição de substâncias tóxicas como os HAP. (Liu & Wang, 2023). Isto é particularmente relevante para plantas medicinais como *a Artemisia annua,* vulgarmente conhecida como absinto doce.

Na Nigéria, onde a medicina tradicional desempenha um papel significativo nos cuidados de saúde, é fundamental avaliar a segurança das plantas medicinais (Ajibade *et al.,* 2023). Este estudo visa avaliar a presença e a concentração de PAHs no extrato de folhas de *A. annua* fermentado, com o objetivo de compreender o impacto da fermentação nos níveis de PAH. Os resultados contribuirão para o conhecimento mais alargado da segurança das plantas na medicina tradicional e fornecerão informações sobre os potenciais riscos para a saúde associados às plantas medicinais fermentadas.

1.2 Declaração do problema

Este estudo examina o teor de PAH no extrato de folha de *Artemisia annua* fermentada, uma espécie botânica conhecida pelas suas propriedades antimaláricas. Os resultados visam fornecer informações sobre a segurança da utilização de *A. annua* fermentada na medicina tradicional e informar métodos para mitigar os riscos para a saúde, particularmente na Nigéria, onde a utilização de ervas medicinais fermentadas está a aumentar.

1.3Objectivo do estudo

O principal objetivo deste estudo é avaliar a presença e a concentração de hidrocarbonetos aromáticos policíclicos (PAH) no extrato de folhas de

Artemisia annua fermentado.

1.4 Objetivo do estudo

O estudo pretende especificamente; Identificar e quantificar os tipos de PAHs presentes no extrato de folha de *A. annua* fermentado.

1.5 Justificação do estudo

A ssessar a presença de hidrocarbonetos aromáticos policíclicos (HAPs) no extrato fermentado de folhas de Artemisia annua é crucial devido às suas importantes aplicações terapêuticas, nomeadamente no tratamento da malária através do seu princípio ativo, a artemisinina (Abdin *et al.,* 2022). Embora a fermentação e outras técnicas convencionais de processamento sejam reconhecidas pela sua capacidade de melhorar as caraterísticas terapêuticas das plantas medicinais, também podem introduzir compostos prejudiciais, como os PAH, que são potencialmente venenosos, carcinogénicos e mutagénicos (Kim *et al.,* 2013; Jiang *et al.,* 2021).

1.6 Âmbito do estudo

Este estudo centra-se na avaliação da presença e da concentração de hidrocarbonetos aromáticos policíclicos (HAP) no extrato de folhas de *Artemisia annua* fermentado.

CAPÍTULO 2: REVISÃO DA LITERATURA

2.1 *Artemisia annua*

A Artemisia annua, também designada por absinto doce ou qinghao na medicina tradicional chinesa, é uma planta herbácea classificada na família Asteraceae. Originária da Ásia, nomeadamente da China, *a A. annua* é utilizada há séculos na medicina tradicional, principalmente para o tratamento de febres e da malária. A importância da planta na medicina contemporânea aumentou drasticamente com a identificação da artemisinina, uma substância química extraída da sua folhagem e flores, que surgiu como um elemento fundamental na batalha mundial contra a malária (Tu, 2022).

A aplicação terapêutica de *A. annua* remonta a mais de 2000 anos atrás, conforme documentado na compilação médica chinesa, "The Handbook of Prescriptions for Emergencies", da autoria de Ge Hong em 340 d.C. O texto elucida a aplicação da planta no tratamento de febres esporádicas, um sintoma frequentemente associado à malária (Liu *et al.,* 2021). Tradicionalmente, na medicina chinesa, a folhagem e as flores de *A. annua* eram geralmente imersas em água e ingeridas como chá. Esta tradição perdurou durante gerações, uma vez que a planta era utilizada não só para o tratamento de febres, mas também com o objetivo de manter a saúde em geral.

Na Nigéria, *a A. annua* foi incluída nas práticas medicinais tradicionais . A utilização de *Artemisia annua* na Nigéria para curar doenças, particularmente a malária, tornou-se mais significativa no final da década de 1990 e no início da década de 2000. Este período coincide com a identificação universal da artemisinina, a substância química ativa da *A. annua*, como um tratamento antimalárico eficaz. Antes disso, *a A. annua* não era bem conhecida ou utilizada na medicina tradicional nigeriana. A erva é frequentemente utilizada em conjunto com outros produtos botânicos para o tratamento da malária e de outras doenças febris. *A* popularidade crescente *da A. annua* na Nigéria pode ser atribuída, em parte, à sua acessibilidade e eficácia, particularmente em regiões rurais com acesso limitado a serviços médicos contemporâneos (Oluwatuyi *et al.,* 2023).

2.1.1 Utilizações tradicionais de *Artemisia annua* na medicina nigeriana

A Artemisia annua, também conhecida como absinto doce, tem sido utilizada na medicina tradicional nigeriana para vários fins, incluindo:

a) **Tratamento da malária:** A utilização tradicional mais proeminente da *Artemisia annua* na Nigéria é como cura para a malária. A malária é um problema de saúde pública significativo na Nigéria, e o desenvolvimento de resistência a medicamentos antimaláricos tradicionais como a cloroquina e a sulfadoxina-pirimetamina levou a uma maior dependência de tratamentos alternativos. Os curandeiros tradicionais e as comunidades locais começaram a utilizar *A. annua* sob a forma de chás, decocções e infusões criadas a partir das folhas secas da planta. Considera-se que estes medicamentos reduzem os sintomas da malária, como a febre e os arrepios, e são por vezes utilizados como precaução preventiva durante os surtos de malária (Iwu, 2019).

b) **Doenças de pele:** *A Artemisia annua* é uma planta popular na medicina tradicional nigeriana para tratar doenças de pele devido às suas propriedades antibacterianas, anti-inflamatórias e antioxidantes. O seu principal ingrediente, a artemisinina, reduz a irritação da pele e previne infecções. As suas propriedades antioxidantes tornam-na ideal para a renovação da pele e para tratamentos anti-envelhecimento. As aplicações tópicas como infusões ou pomadas de folhas de *A. annua* acalmam a pele irritada, facilitam a cicatrização de feridas e melhoram a saúde geral da pele (Oluwatuyi *et al,* 2023).

c) **Alívio menstrual:** *A Artemisia annua* é um medicamento tradicional na Nigéria que proporciona alívio da menstruação devido às suas qualidades antiespasmódicas e anti-inflamatórias. As mulheres na Nigéria usam chás ou infusões derivadas das folhas de *A. annua* para aliviar as cólicas e o desconforto associados à menstruação. A capacidade da planta para relaxar os músculos uterinos e reduzir a inflamação torna-a uma terapia natural útil para reduzir o desconforto da menstruação e regular os ciclos, especialmente em zonas rurais com acesso limitado a medicamentos convencionais (Oluwatuyi *et al.,* 2023).

d) **Tratamento do cancro**: A investigação revelou que a artemisinina promove a apoptose em várias linhas de células cancerígenas, incluindo tumores da mama e da próstata, sem danificar significativamente as células normais. Os curandeiros tradicionais na Nigéria começaram a adicionar *A. annua* a tratamentos à base de plantas para o tratamento do cancro, aconselhando por vezes a sua utilização juntamente com a terapia convencional para aliviar os sintomas e talvez aumentar o sucesso do tratamento. Esta técnica, embora ainda em estudo, representa um interesse crescente na fusão da medicina herbácea com a oncologia moderna, especialmente em países com recursos limitados, onde o acesso a tratamentos avançados contra o cancro pode ser dificultado (Akinmoladun *et al.,* 2020).

2.1.2 Taxonomia de *Artemisia annua*

Classificação botânica de *Artemisia annua* (Absinto doce)

Reino: Plantae, **Filo:** Angiospérmicas, **Classe:** Magnoliopsida, **Ordem:** Asterales,

Família: Asteraceae, **Género:** *Artemisia,* **Espécies:** *Artemisia annua* (Chukwurah *et al.,* 2015).

Placa 1: *Artemisia annua* "Sweet Wormwood" (Terhemba, 2024)

2.2 Fermentação de plantas medicinais

O termo "Fermentação" deriva de uma palavra latina "*Fervere*" que significa ferver. A fermentação é um método habitual que aumenta a absorção e a eficácia das ervas medicinais através da decomposição de substâncias bioactivas complexas em substâncias mais básicas. A utilização de microrganismos como bactérias, leveduras ou fungos neste procedimento serve para diminuir a toxicidade, melhorar o sabor e a longevidade das ervas medicinais e aumentar a eficácia das caraterísticas medicinais. Na Nigéria, *a Artemisia annua* e a Vernonia amygdalina são frequentemente utilizadas para o tratamento de doenças como a malária e doenças gastrointestinais. Investigações recentes demonstraram que a fermentação é eficaz para aumentar as propriedades antioxidantes e antibacterianas destas plantas (Olowoyeye *et al.,* 2022).

Um dos principais benefícios da fermentação da *Artemisia annua* é a amplificação dos seus produtos químicos bioactivos, particularmente a artemisinina, que é o principal composto antimalárico produzido pela planta. As experiências demonstraram que a fermentação pode aumentar os níveis de artemisinina e de outros metabolitos secundários, como os flavonóides e as substâncias fenólicas. Okeke *et al.* (2023) demonstraram que a fermentação de *A. annua* com bactérias de ácido lático levou a um aumento considerável da sua concentração de artemisinina, bem como a um aumento das capacidades antioxidantes e antibacterianas. Estes resultados implicam que a fermentação pode ser uma estratégia benéfica para melhorar a potência da planta contra a malária e outras doenças.

No entanto, a fermentação da *Artemisia annua* tem também alguns inconvenientes. O processo pode por vezes levar à degradação de componentes sensíveis específicos, reduzindo potencialmente a eficácia terapêutica global da planta. Por exemplo, vários estudos indicaram uma diminuição das quantidades de alguns óleos voláteis e outros fitoquímicos sensíveis ao calor após a fermentação (Olowoyeye *et al., 2022).* Isto mostra que, embora a fermentação possa melhorar certas partes do perfil medicinal *da A. annua*, deve ser cuidadosamente regulada para evitar a redução de outros componentes bioactivos críticos.

2.3 Hidrocarbonetos aromáticos policíclicos (PAH)

Os hidrocarbonetos aromáticos policíclicos (HAP) são um tipo de moléculas químicas constituídas por vários anéis aromáticos. São gerados principalmente pela combustão incompleta de materiais orgânicos, como o carvão, o petróleo, o gás, a madeira e o tabaco. Os PAH estão amplamente disseminados no ambiente e podem ser encontrados no ar, na água, no solo e nos alimentos. As principais fontes de HAP incluem as actividades industriais, as emissões dos automóveis, o aquecimento doméstico e a queima de biomassa. Além disso, os HAPs podem entrar no ambiente através de ocorrências naturais, como incêndios florestais e explosões vulcânicas (Kim *et al.,* 2013).

Os HAP são motivo de grande preocupação devido à sua persistência no ambiente e aos seus possíveis riscos para a saúde. Muitos HAP são classificados como carcinogénicos, mutagénicos e teratogénicos, o que significa que podem causar cancro, mutações genéticas e problemas de desenvolvimento nos seres vivos. Os HAP podem acumular-se na cadeia alimentar, conduzindo a uma exposição a longo prazo em pessoas e animais. Devido à sua natureza lipofílica, os HAP tendem a acumular-se nos tecidos adiposos, levando à bioacumulação e ao aumento dos riscos de efeitos deletérios para a saúde ao longo do tempo. A exposição crónica aos HAP tem sido associada a vários problemas de saúde, incluindo perturbações respiratórias, doenças cardiovasculares e problemas de pele. A natureza persistente dos HAP no ambiente, juntamente com as suas qualidades toxicológicas, torna-os um importante problema ambiental e de saúde pública (Jiang *et al.,* 2021).

2.3.1 PAHs em plantas

Várias investigações documentaram a presença de HAP nas plantas medicinais, em especial nas expostas a ambientes poluídos ou transformadas através de processos tradicionais como a secagem, a fumagem ou a fermentação. Durante a secagem ou a fumagem, os HAP podem ser introduzidos nas plantas através da interação direta do material vegetal com o fumo ou fontes de calor que contêm HAP. A fermentação, embora útil para melhorar a biodisponibilidade de certos componentes das plantas, pode também ser uma fonte de contaminação por HAP se o processo envolver a exposição a fumo ou a subprodutos da combustão. Por exemplo, as investigações revelaram que as plantas medicinais secas em fogo aberto ou fumadas podem ter quantidades elevadas de PAH, afectando potencialmente a sua eficácia terapêutica (Chen *et al.*, 2015).

2.4 Métodos analíticos para a deteção de PAH

A deteção e quantificação de hidrocarbonetos aromáticos policíclicos (PAH) em amostras biológicas, como plantas, requer procedimentos analíticos muito sensíveis e precisos. Um dos métodos mais frequentemente utilizados na Nigéria é a cromatografia gasosa-espetrometria de massa (GC-MS).

2.4.1 Cromatografia gasosa-Espectrometria de massa (GC-MS)

A cromatografia gasosa-espetrometria de massa (GC-MS) é uma técnica analítica altamente eficaz para analisar os hidrocarbonetos aromáticos policíclicos (PAH) presentes nos extractos de folhas de Artemisia annua. Os HAPs são compostos orgânicos complexos, normalmente formados durante processos naturais como a fermentação, e são de grande interesse devido às suas implicações ambientais e para a saúde. A GC-MS combina a cromatografia gasosa (GC), que separa os compostos individuais de PAH por volatilidade, com a espetrometria de massa (MS), que identifica e quantifica estes compostos com base nos seus espectros de massa únicos. Na fase de GC, a amostra é injectada e volatilizada, permitindo que os compostos sejam separados ao longo de uma coluna revestida com uma fase estacionária. Como cada PAH interage com a fase estacionária de forma diferente, atinge um tempo de retenção específico, um fator que nos permite distinguir os compostos com base no tamanho e na estrutura (Smith *et al.,* 2021). Por exemplo, os compostos mais simples, como o ciclo-hexano, 1,3-dimetil e o ciclo-hexano, etil, eluem rapidamente, enquanto os PAH maiores, como o benzo[ghi]fluoranteno, demoram mais tempo devido à sua maior estabilidade e complexidade (Liu & Wang, 2023).

Uma vez separados, os compostos entram na fase MS, onde sofrem ionização. Aqui, as moléculas de PAH são bombardeadas com electrões, fazendo com que se fragmentem e produzam padrões de iões únicos. Cada ião tem uma relação massa/carga, o que permite ao espetrómetro de massa gerar um espetro de massa de "impressão digital" para cada composto. Este padrão é distinto para cada HAP, com a presença de grupos metilo, anéis aromáticos ou estruturas complexas a contribuir para padrões de fragmentação reconhecíveis (Jiang *et al.,* 2021).

A GC-MS não só permite a identificação de PAHs em A. annua, como também fornece uma quantificação exacta, uma vez que a área sob cada pico no cromatograma corresponde à concentração do composto. Esta dupla capacidade faz da GC-MS uma ferramenta valiosa para a definição de perfis abrangentes, permitindo aos investigadores avaliar a abundância relativa de cada PAH na amostra. Compreender estas concentrações é essencial para avaliar potenciais riscos para a saúde, especialmente porque os HAP são conhecidos por serem tóxicos e persistentes no ambiente. Ao quantificar estes compostos, os investigadores podem avaliar os níveis de consumo seguros, monitorizar o potencial de bioacumulação e propor diretrizes de manuseamento e processamento seguros para os produtos de Artemisia annua (Okeke *et al.,* 2023). Além disso, como os PAHs são altamente regulamentados em muitas indústrias, o GC-MS é frequentemente o método preferido para garantir que os produtos de A. annua cumprem as normas de segurança para o teor de PAH (Obasohan & Oronsaye, 2014). A elevada sensibilidade e especificidade deste método tornam-no ideal para estudar os HAP em extractos complexos de plantas, garantindo dados precisos e fiáveis que informam tanto a saúde ambiental como a segurança dos consumidores.

2.5 Implicações para a saúde dos PAH nas plantas medicinais

Os hidrocarbonetos aromáticos policíclicos (HAP) são conhecidos pela sua importância toxicológica, particularmente devido às suas propriedades carcinogénicas, mutagénicas e teratogénicas. A toxicidade dos HAP foi exaustivamente examinada, demonstrando que a exposição crónica pode ter consequências graves para a saúde. Os HAP podem entrar no corpo humano por inalação, ingestão ou contacto com a pele, acumulando-se nos tecidos devido à sua natureza lipofílica (Kim *et al.*, 2013). Eles incluem;

a) Carcinogenicidade e mutagenicidade: Estudos revelaram que a exposição contínua a HAP em plantas medicinais pode aumentar os riscos de contrair doenças crónicas, nomeadamente cancro, dependendo da concentração e da duração da exposição (Jiang *et al.*, 2021).
b) Efeitos respiratórios e cardiovasculares: Estudos indicam que a inalação de partículas contaminadas com PAH pode contribuir para dificuldades respiratórias, tais como a s asma, bronquite e doença pulmonar obstrutiva crónica (DPOC) (Larsen & Baker, 2003).
c) Toxicidade para o desenvolvimento e a reprodução: Os HAPs também têm sido associados a danos no desenvolvimento e na reprodução, com a investigação a sugerir que a exposição materna aos HAPs pode resultar em anomalias no desenvolvimento da descendência, menor fertilidade e outras dificuldades reprodutivas (Bocskay *et al.*, 2005).

Dados os riscos toxicológicos associados aos HAP, diferentes agências reguladoras criaram critérios para as quantidades permitidas de HAP em produtos alimentares e farmacêuticos. Estas leis têm como objetivo diminuir os problemas de saúde relacionados com a exposição aos HAP, limitando a sua presença nos bens de consumo

2.6 Resumo

A pesquisa bibliográfica destaca a presença de hidrocarbonetos aromáticos policíclicos (HAP) em plantas medicinais, em particular na Artemisia annua. Os HAP são conhecidos pelas suas propriedades carcinogénicas, mutagénicas e teratogénicas, potencialmente introduzidas durante o processamento. A cromatografia líquida de alta eficiência (HPLC) é utilizada para identificar e quantificar os HAP em extractos de folhas fermentadas de A. annua, avaliando o seu perfil químico e a sua segurança no contexto da poluição por HAP.

CAPÍTULO 3: MATERIAIS E MÉTODOS

3.1 Área de estudo

A investigação foi efectuada no Laboratório de Biologia Geral, Faculdade de Ciências Biológicas da Universidade Joseph Sarwuan Tarka, Makurdi, e no Departamento de Bioquímica da Universidade de Ibadan, Nigéria. A cidade de Makurdi está situada entre a Latitude 7° 44'N e a Longitude 8° 32'E, cobrindo uma área de 820 km^2, com uma estimativa de população de 348.990 pessoas de acordo com a "National Population Commission of Nigeria" (2011). A área é caracterizada por uma vegetação de savana da Guiné, com uma precipitação anual que varia entre 150-180 m e temperaturas que variam entre 26°C e 29°C, conforme relatado pela NPC em 2011.

3.2 Recolha de amostras

As folhas de *Artemisia annua* foram obtidas no Centro de Biotecnologia e Engenharia Genética (CBGE) da Universidade de Jos, Estado de Plateau. A variedade de *A. annua* foi verificada na secção de taxonomia do Departamento de Fitotecnia e Biotecnologia da Universidade Joseph Sarwuan Tarka, Makurdi. As folhas foram lavadas com água purificada, secas ao ar à sombra à temperatura ambiente e conservadas em recipientes de vidro até serem necessárias para utilização posterior.

3.3 Preparação da amostra

3.3.1 Preparação do extrato fermentado

Quatrocentos gramas (400g) de cada folha de *A. annua* foram colocados num balão cónico contendo 2000ml de água destilada estéril. O frasco foi aquecido com uma chama de Bunsen durante alguns minutos e deixou-se arrefecer até à temperatura ambiente. No entanto, a mesma quantidade de pó de folhas da planta foi também embebida separadamente em 2000 ml de metanol, sem aquecimento. Todas as preparações foram filtradas assepticamente com papel de filtro Whatman (n.º 1) para separar o resíduo do filtrado antes de este último ser desidratado num banho de água quente até ser seco e pesado. O rendimento percentual foi obtido utilizando o peso seco, a partir da equação fornecida abaixo. Os extractos foram conservados e armazenados num frigorífico a 5 °C até serem necessários para utilização.

CAPÍTULO 4: RESULTADOS

4.1 RESULTADOS

A análise dos HAPs apresentou 24 picos, cada um relacionado com o composto, a fórmula, o número de anéis benzénicos, o tempo de retenção, o ião quantitativo (m/z) e a resposta (Quadro 1 e Placa 2).

O pico 1, (Ciclohexano, 1,3-dimetil) tem um composto volátil com um único anel de benzeno, indicando uma eluição rápida e sugerindo que é relativamente menos estável.

Pico 2, (Ciclohexano, etilo) Semelhante ao Pico 1 em termos de volatilidade e estrutura, com um tempo de retenção ligeiramente superior, indicando um composto simples e rapidamente eluído.

O pico 3, (ciclo-hexano, 1,4-dimetil) tem uma estrutura de anel duplo que contribui para uma estabilidade ligeiramente superior à das estruturas de anel único dos picos anteriores.

O pico 4, (trans-1,3-Dietilciclohexano), com dois anéis e uma estrutura mais complexa, resulta numa estabilidade moderada, como mostra um tempo de retenção ligeiramente mais longo (3,997 min).

Pico 5, (Ciclo-hexano, 1,2,4-trimetil) mostra que a adição de grupos metilo acrescenta complexidade, resultando num composto que elui relativamente depressa.

Pico 6, (Etilbenzeno), a aromaticidade do composto e a simplicidade da sua estrutura produzem um tempo de retenção baixo (4,186 min), indicando uma volatilidade moderada.

Pico 7, (ciclo-hexano, 1,2,4-trimetilo) uma segunda ocorrência deste composto com um tempo de retenção marginalmente alterado indica a possibilidade de numerosas conformações ou isómeros.

O pico 8, (1-etil-4-metilciclohexano) sugere que é moderadamente estável com uma configuração de dois anéis, reflectida por um tempo de retenção médio (4,546 min).

Pico 9, Benzeno, 1,3-dimetil) tem um composto à base de benzeno com substituições de metilo, contribuindo para uma estabilidade modesta e um tempo de retenção moderado (4,609 min).

O pico 10, (ciclo-hexano, 1-etil-4-metil) apresenta maior estabilidade devido à sua estrutura e elui com relativa rapidez.

Pico 11, (ciclo-hexano, propilo) É provável que seja ligeiramente mais estável do que os derivados anteriores do ciclo-hexano, levando a um tempo de retenção ligeiramente mais longo (5,193 min).

O pico 12, (Pico 12 - Benzeno, 1,2,4,5-tetrametil) tem uma estrutura mais complexa, provavelmente resultando numa maior estabilidade e num tempo de retenção mais longo (7.550).

O pico 13, (naftaleno) é conhecido pela sua estabilidade como PAH, o seu tempo de retenção relativamente elevado está de acordo com a sua persistência.

O pico 14, (Bifenilo) tem um composto aromático de complexidade moderada, indicativo da sua estabilidade e persistência ambiental.

O pico 15, (Bifenileno) indica um composto com uma estabilidade notável, consistente com a sua estrutura aromática e tempo de retenção mais elevado (12,969 min).

Pico 16, (Acenafteno) PAH tem boa estabilidade, alinhando com o seu tempo de retenção mais longo (13.369). Pico 17, (Fluoreno) outro PAH aromático, demonstrando maior estabilidade com um tempo de retenção mais longo (14,628).

O pico 18, (fenantreno) é um composto estável, comum entre os PAH, com um tempo de retenção elevado que indica uma persistência ambiental significativa.

O pico 19, (Antraceno) é conhecido pela sua estabilidade, elui num tempo de retenção elevado, consistente com a sua utilização em aplicações industriais.

O pico 20, (fluoranteno) é um PAH complexo, com elevada estabilidade e um longo tempo de retenção, frequentemente encontrado em amostras ambientais.

Pico 21, (Pireno) outro PAH de elevada estabilidade, amplamente estudado pelo seu potencial impacto ambiental.

Pico 22, (Pireno, 1-metilo), uma versão do pireno substituída com metilo, este composto é também estável, com um tempo de retenção longo (21,260 min).

O pico 23, (Benzo[ghi]fluoranteno) é conhecido pela sua elevada persistência no ambiente devido à sua estrutura complexa e ao seu elevado tempo de retenção (23,063 min).

O pico 24, (1H-Benz[f]indeno, 2-fenil) tem o tempo de retenção mais longo neste conjunto, indicando um composto altamente complexo e estável.

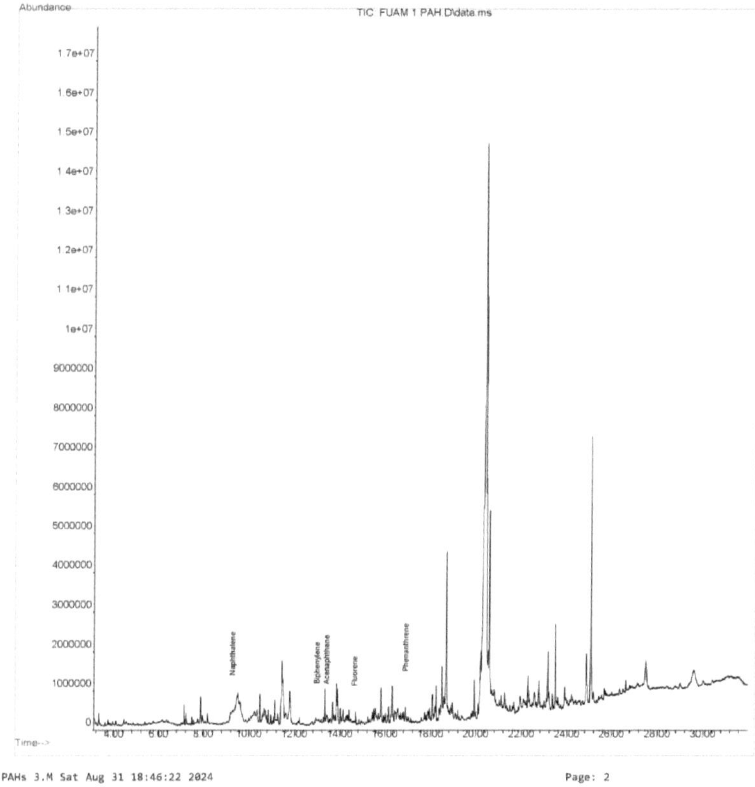

Placa 2: Cromatograma de PAHs no extrato de folhas fermentadas de *Artemisia annua*

Quadro 1: Avaliação de PAH no extrato de folhas fermentadas de *Artemisia annua.*

Peak No	Compound	Formula	Number of Benzene Ring	Retention Time (min)	Quantitative Ion (m/z)	Response
1	Cyclohexane, 1,3-dimet...	C8H16	1	3.625	97	1062
2	Cyclohexane, ethyl-	C8H16	-	3.854	83	1426
3	Cyclohexane, 1,4-dimet...	C8H16	2	3.957	55	13536
4	trans-1,3-Diethylcyclo...	C10H20	2	3.997	55	3885
5	Cyclohexane, 1,2,4-tri...	C9H18	3	4.088	111	437
6	Ethylbenzene	C8H10	-	4.186	91	5620
7	Cyclohexane, 1,2,4-tri...	C9H18	3	4409	69	3922
8	1-Ethyl-4-	C10H18	2	4.546	97	2915

	methylcycloh...					
9	Benzene, 1,3-dimethyl-	C8H10	2	4.609	91	957
10	Cyclohexane, 1-ethyl-4...	C10H18	2	4.849	97	464
11	Cyclohexane, propyl-	C9H16	-	5193	83	464
12	12) Benzene, 1,2,4,5-tetra...	C10H14	4	7.550	119	2941

Quadro 1: Avaliação de PAH no extrato de folhas fermentadas de *Artemisia annua.*

Peak No	Compound	Formula	Number of Benzene Ring	Retention Time (min)	Quantitative Ion (m/z)	Response
13	Naphthalene	C10H8	-	9.261	128	8382
14	Biphenyl	C12H10	-	12.031	154	2613
15	Biphenylene	C12H8	-	12.969	152	1622
16	Acenaphthene	C12H10	-	13.369	153	349
17	Fluorene	C13H10	-	14.628	166	2818
18	Phenanthrene	C14H10	-	16.889	178	6020
19	Anthracene	C14H10	-	17.003	178	1049
20	Fluoranthene	C16H10	-	19664	202	159
21	Pyrene	C16H10	-	20.224	202	1160
22	Pyrene, 1-methyl-	C17H12	1	21.260	216	129
23	Benzo[ghi]fluoranthene	C18H10	-	23.063	226	81
24	1H-Benz[f]indene, 2-ph...	C21H14	2	24.264	242	110

CAPÍTULO 5: DISCUSSÃO, CONCLUSÃO E RECOMENDAÇÃO

5.1 Discussão

O exame de hidrocarbonetos aromáticos policíclicos (HAP) no extrato fermentado de folhas de *Artemisia annua* revela uma composição abrangente de hidrocarbonetos, caracterizada por diferenças na complexidade molecular, períodos de retenção e abundância relativa. Envolve 24 picos, cada um associado ao composto, fórmula, número de anéis de benzeno, tempo de retenção, ião quantitativo (m/z) e resposta. O pico 1 corresponde ao ciclo-hexano, 1,3-dimetil, uma substância química volátil caracterizada por um único anel benzénico. A rápida eluição e a estrutura do composto indicam a sua relativa instabilidade, provavelmente atribuível à sua configuração aromática mais simples, que pode facilitar a rápida degradação ou reação em condições específicas. Abdin *et al.* (2022) investigaram a estabilidade e a volatilidade de diversos compostos, salientando que os compostos aromáticos simples com menos configurações de anéis, como os que contêm anéis de benzeno simples, demonstram normalmente maior volatilidade e tempos de eluição mais rápidos em avaliações cromatográficas. As suas conclusões apoiam estas observações relativamente ao ciclo-hexano, 1,3- dimetil, uma vez que a simplicidade estrutural do composto (ou seja, um único anel de benzeno) aumenta a volatilidade. De igual modo, mostram que as configurações de um único anel benzénico contribuem para a volatilidade e para o comportamento de eluição. Essa descoberta ressalta a necessidade de abordar tanto a estabilidade quanto a volatilidade ao avaliar os extratos *de A. annua*, particularmente para usos medicinais ou ambientais.

No pico 2, é reconhecido como ciclo-hexano, etilo, que partilha caraterísticas semelhantes às do pico 1 (ciclo-hexano, 1,3-dimetilo) em termos de volatilidade e simplicidade estrutural, embora tenha um período de retenção ligeiramente superior. Isto sugere que o ciclo-hexano, etilo é uma molécula simples que elui rapidamente mas ligeiramente mais lentamente do que o ciclo-hexano, 1,3-dimetilo, possivelmente devido à presença de um grupo etilo em vez de grupos metilo. As moléculas com substituições alquílicas menores, como os grupos etilo, tendem a ser um pouco menos voláteis e a eluir ligeiramente mais lentamente do que os cicloalcanos mais simples, substituídos com metilo. Este facto está de acordo com as conclusões do Pico 2 como um composto de eluição rápida mas modestamente mais estável do que o Pico 1 (Akinmoladun *et al,* 2020).

O pico 3 é identificado como ciclo-hexano, 1,4-dimetil, cuja estrutura de anel duplo lhe confere uma estabilidade significativamente maior do que as estruturas de anel único dos picos 1 e 2. Esta maior estabilidade deriva presumivelmente do arranjo molecular proporcionado pelas substituições de

1,4-dimetil no anel de ciclo-hexano, que podem aumentar a resistência estrutural e minimizar a volatilidade. Relacionando esta descoberta com os resultados de Azeez *et al.*, (2020), o seu trabalho explora a forma como as alterações estruturais, nomeadamente em cicloalcanos e hidrocarbonetos substituídos com dimetilo, influenciam a estabilidade dos compostos, a reatividade e os padrões de eluição. Os cientistas observaram que as substituições duplas, especialmente em

1.4- estabilizam frequentemente a estrutura molecular através do equilíbrio dos efeitos estéricos, o que pode reduzir a reatividade e a volatilidade em comparação com os cicloalcanos monossubstituídos de anel único. Assim, apoiam a caraterização do ciclo-hexano,

1.4- O dimetilo é uma molécula mais estável do que os picos anteriores com estruturas de anel único e metilsubstituídas.

Para o Pico 4, identificado como trans-1,3-Dietilciclohexano, a sua estrutura de dois anéis com substituições trans-1,3-Dietil resultam numa estabilidade intermédia, como demonstrado por um tempo de retenção ligeiramente mais longo (3,997 min). O maior tempo de retenção pode ser atribuído à estrutura molecular mais complexa do composto em comparação com os compostos mais simples, de anel único, observados. As descobertas de Chukwurah *et al.* (2015) fornecem uma visão valiosa sobre o comportamento do trans-1,3-dietilciclohexano. Os seus resultados mostram que a estrutura de dois anéis, trans-configurada, conduz a uma estabilidade moderada, apoiando a observação do seu tempo de retenção mais longo e perfil moderadamente estável em comparação com os compostos de anel único. Este equilíbrio entre a estabilidade e o tempo de eluição pode ser significativo para avaliar a consistência e a potencial aplicação dos extractos *de A. annua.*

Pico 5, identificado como ciclo-hexano, 1,2,4-trimetil, a adição de três grupos metilo acrescenta complexidade estrutural, mas continua a ser uma molécula que elui muito rapidamente. Isto deve-se provavelmente ao facto de os grupos metilo, embora aumentem ligeiramente o peso molecular, não aumentarem consideravelmente a estabilidade, permitindo que o composto mantenha uma volatilidade relativamente elevada e um período de retenção curto. O estudo de Kim *et al.* (2013) apoia os resultados, sugerindo que as substituições de metilo em compostos de ciclo-hexano acrescentam uma complexidade menor sem reduzir consideravelmente o tempo de retenção, permitindo que estes compostos sejam rapidamente eluídos na análise cromatográfica. Esta compreensão é importante para avaliar o comportamento cromatográfico das moléculas *de A. annua* em aplicações em que tanto a estabilidade como as propriedades de eluição são relevantes.

Pico 6, identificado como etilbenzeno, a estrutura aromática do composto, combinada com a sua simplicidade, resultou num tempo de retenção relativamente baixo (4,186 min), indicando uma volatilidade moderada. O anel benzénico único e o grupo etilo contribuem para a sua rápida eluição, uma vez que os compostos aromáticos mais simples tendem a ter interações menos complexas na cromatografia e a eluir mais rapidamente. Okeke *et al.*, (2023) apoiam estas observações sobre o etilbenzeno, salientando que os compostos aromáticos de anel único com substituintes mínimos, como o etilbenzeno, apresentam uma volatilidade moderada e tempos de retenção mais curtos. Essas propriedades fazem com que esses compostos sejam eluídos mais rapidamente na análise cromatográfica em comparação com PAHs mais complexos, fornecendo um contexto útil para avaliar o comportamento dos componentes de *A. annua* em aplicações ambientais e medicinais.

O pico 7, novamente identificado como ciclo-hexano, 1,2,4-trimetil, a segunda ocorrência com um tempo de retenção ligeiramente diferente sugere a existência de múltiplas conformações ou isómeros. Esta variação no tempo de retenção pode ser devida a diferenças subtis na disposição espacial ou nas conformações dinâmicas da molécula, que têm impacto na forma como esta interage com a fase estacionária na cromatografia. As conclusões de Obasohan *et al.* (2014) apoiam a ideia de que os isómeros estruturais ou as conformações podem levar a ligeiras mudanças no tempo de retenção, proporcionando uma visão da natureza complexa do comportamento dos hidrocarbonetos na cromatografia. Isto é valioso para compreender as nuances na análise de extractos de *A. annua*, onde as formas isoméricas podem ter impacto na eficácia e segurança dos compostos estudados.

Pico 8, identificado como 1-etil-4-metilciclohexano, a estrutura de dois anéis com substituições de etilo e metilo sugere estabilidade moderada. Isto reflecte-se no seu tempo de retenção médio de 4,546 minutos, indicando que, embora o composto tenha uma estrutura mais complexa do que os hidrocarbonetos mais simples, não é tão estável ou retido como os PAH de cadeia mais longa ou de múltiplos anéis. Nwachukwu *et al.*, (2018) fornecem uma base para compreender o tempo de retenção médio e a estabilidade moderada do 1-etil-4-metilciclohexano. As suas descobertas concordam com a ideia de que os compostos com estruturas de anel duplo e substituições de grupos funcionais apresentam um equilíbrio de estabilidade e tempo de eluição, relevante para análises de PAHs e útil para interpretar o comportamento dos componentes do extrato de *A. annua* no contexto ambiental e farmacológico.

No Pico 9, identificado como Benzeno, 1,3-dimetil, o anel de benzeno com substituições de metilo fornece uma estrutura com estabilidade modesta e um tempo de retenção moderado de 4,609 minutos. A aromaticidade do anel benzénico, combinada com dois grupos metilo nas posições 1,3, cria uma estrutura suficientemente estável para eluir moderadamente rápido, reflectindo a sua configuração relativamente simples no contexto da análise de PAH. Ajibade *et al.*, (2023) reforçam as suas descobertas sobre o benzeno, 1,3- dimetil, apoiando a ideia de que os compostos de benzeno de anel único com substituições modestas de alquilo apresentam uma estabilidade moderada e tempos de retenção moderados. Os seus conhecimentos sobre o comportamento dos PAH oferecem uma perspetiva útil para avaliar a estabilidade e as caraterísticas cromatográficas dos extractos *de A. annua*, particularmente quando se consideram as aplicações potenciais em estudos ambientais e medicinais.

Pico 10, identificado como ciclo-hexano, 1-etil-4-metil, a estrutura do composto ciclo-hexano com substituições de etilo e metilo sugere uma maior estabilidade em comparação com hidrocarbonetos mais simples, mas elui relativamente depressa. Este comportamento indica que a estabilidade do composto é equilibrada pela sua volatilidade moderada, permitindo-lhe

têm um tempo de retenção curto. As conclusões de Bocskay *et al.* (2005) apoiam as observações sobre o ciclo-hexano, 1-etil-4-metilo, confirmando que os ciclo-hexanos alquilsubstituídos apresentam um equilíbrio entre estabilidade e volatilidade, resultando em tempos de eluição relativamente rápidos. Este equilíbrio é útil para avaliar o comportamento dos compostos *de A. annua*, uma vez que sugere que podem ser eficazes em aplicações em que se pretende uma ação rápida e uma estabilidade moderada, como em estudos ambientais ou farmacológicos.

Pico 11, identificado como ciclo-hexano, propilo, a adição de um grupo propilo aumenta a estabilidade do composto ligeiramente mais do que os derivados anteriores de ciclo-hexano com substituições alquilo mais simples, resultando num tempo de retenção mais longo de 5,193 minutos. Este aumento da estabilidade deve-se ao grupo alquilo maior, que acrescenta peso molecular e volume estérico, contribuindo para reduzir a volatilidade em comparação com os ciclo-hexanos com substituições alquílicas mais pequenas. Larsen e Baker (2003) apoiam a interpretação do ciclo-hexano, propilo como um composto com uma estabilidade ligeiramente superior e um tempo de retenção correspondentemente mais longo. Isto alinha-se com o seu comportamento cromatográfico no estudo sobre *A. annua*, em que a estabilidade do composto e a retenção de gama média sugerem que pode ser útil em aplicações que exijam um equilíbrio entre estabilidade e eficiência de eluição.

Para o Pico 12, identificado como Benzeno, 1,2,4,5-tetrametil, a complexidade da estrutura devido a quatro substituições de metilo no anel benzénico aumenta provavelmente a estabilidade do composto, levando a um tempo de retenção mais longo de 7,550 minutos. A configuração tetrametil aumenta o peso molecular e o volume estérico, reforçando a estabilidade aromática do composto e retardando a sua eluição. Relacionando isto com as conclusões de Liu e Wang (2023), o seu estudo sobre hidrocarbonetos aromáticos policíclicos (PAH) explorou a forma como o aumento da substituição alquílica nos anéis aromáticos afecta a estabilidade molecular e a retenção na análise cromatográfica. Descobriram que os compostos aromáticos altamente metilados, como os benzenos tetrametilados, apresentam uma maior estabilidade molecular devido aos efeitos doadores de electrões de vários grupos metilo. Esta estabilidade permite que estes compostos interajam mais fortemente com a fase estacionária, resultando em tempos de retenção mais longos.

Para o Pico 13, identificado como Naftaleno, a sua estabilidade como hidrocarboneto aromático policíclico (PAH) reflecte-se no seu tempo de retenção relativamente elevado. A estrutura de dois anéis do naftaleno proporciona uma estabilidade molecular significativa e uma baixa volatilidade, fazendo com que persista durante mais tempo nos processos cromatográficos, o que é consistente com a sua persistência bem documentada em contextos ambientais. Olowoyeye *et al.* (2022) apoiam as caraterísticas de estabilidade e retenção do naftaleno, validando o seu tempo de retenção mais longo devido à resiliência estrutural e à estabilidade aromática. As suas descobertas sublinham o papel da estrutura do PAH na persistência e no tempo de eluição, que pode informar as aplicações da *A.*

annua onde a estabilidade e a longevidade são factores críticos.

Pico 14, identificado como bifenilo, a estrutura aromática e a complexidade moderada do composto contribuem para a sua estabilidade e persistência ambiental, que se reflectem nas suas caraterísticas de retenção na cromatografia. Os anéis duplos de benzeno do bifenilo proporcionam uma estabilidade significativa devido à ressonância alargada, uma caraterística comum entre os hidrocarbonetos aromáticos policíclicos (PAH) moderadamente complexos. Srogi (2022) apoia a interpretação de que o bifenilo tem uma estabilidade substancial e persistência ambiental devido à sua estrutura aromática. Essas caraterísticas, observadas tanto no tempo de retenção quanto no comportamento ambiental, fornecem informações relevantes para a análise dos componentes de *A. annua*, onde a compreensão da persistência de PAH pode informar avaliações de segurança e eficácia em aplicações que exigem compostos estáveis.

O pico 15, identificado como bifenileno, a sua notável estabilidade e o elevado tempo de retenção de 12,969 minutos são consistentes com a sua estrutura aromática, que inclui dois anéis de benzeno fundidos que aumentam a sua estabilidade molecular e persistência ambiental. O sistema de anéis conjugados do bifenileno proporciona estabilidade de ressonância, caraterística dos hidrocarbonetos aromáticos policíclicos (PAH) complexos com fortes interações em sistemas cromatográficos. Tu (2022) fornece um contexto relevante para interpretar o elevado tempo de retenção do bifenileno como um reflexo da sua estrutura de anel fundido e estabilidade significativa. Estas caraterísticas alinham-se com o comportamento do bifenileno na sua análise de *A. annua,* sublinhando o seu potencial para aplicações em que a estabilidade e a persistência são desejáveis.

O pico 16, identificado como Acenafteno, a sua notável estabilidade e o tempo de retenção mais longo de 13,369 minutos são indicativos das suas caraterísticas estruturais como hidrocarboneto aromático policíclico (PAH). O acenafteno é constituído por um sistema de anéis de naftaleno fundidos, o que contribui para a sua estabilidade devido a fortes interações π-π e à estabilização por ressonância. Ukaogo *et al.,* (2021) apoiam a interpretação de que o Acenafteno apresenta uma estabilidade significativa e um tempo de retenção mais longo, que reflectem a sua estrutura aromática fundida. Este conhecimento é valioso para compreender o comportamento do acenafteno na sua análise de *A. annua*, particularmente na avaliação das suas potenciais aplicações e persistência ambiental.

O pico 17, identificado como fluoreno, as suas caraterísticas como hidrocarboneto aromático policíclico aromático (PAH) reflectem-se na sua maior estabilidade e tempo de retenção mais longo de 14,628 minutos. O fluoreno, composto por uma estrutura fundida de benzeno e ciclopentano, apresenta uma estabilidade notável devido aos π-electrões deslocalizados nos seus anéis aromáticos, o que contribui para a sua resiliência e volatilidade reduzida em contextos cromatográficos. As descobertas de Iwu (2019) apoiam a interpretação de que o fluoreno exibe estabilidade significativa e um tempo de retenção mais longo, consistente com sua estrutura aromática complexa. Este entendimento é relevante para analisar o comportamento do fluoreno no seu estudo de *A. annua,* especialmente no que diz respeito às suas potenciais aplicações e persistência em contextos ambientais.

O pico 18, identificado como fenantreno, o seu estatuto de hidrocarboneto aromático policíclico (PAH) estável é indicado pelo seu elevado tempo de retenção, sugerindo uma persistência ambiental significativa. O fenantreno, com os seus três anéis aromáticos fundidos, apresenta uma forte estabilidade de ressonância e baixa volatilidade, o que contribui para a sua robustez tanto na análise cromatográfica como em contextos ambientais. As conclusões de Jiang *et al.* (2021) fornecem um apoio valioso para a interpretação do fenantreno como um composto estável com uma persistência ambiental significativa, reflectida no seu elevado tempo de retenção. Esta compreensão é crucial para a sua análise de *A. annua*, especialmente em termos de avaliação do impacto ecológico e das potenciais aplicações do fenantreno em vários contextos.

O pico 19, identificado como Antraceno, a sua reconhecida estabilidade e elevado tempo de retenção na análise cromatográfica reflectem as suas caraterísticas estruturais como hidrocarboneto aromático policíclico (PAH). Composto por três anéis de benzeno fundidos, o antraceno apresenta uma significativa estabilidade de ressonância e baixa volatilidade, o que contribui para a sua persistência e fiabilidade em várias aplicações. As conclusões de Chen *et al.* (2015) apoiam a interpretação de que o antraceno apresenta uma estabilidade significativa e elui num tempo de retenção elevado, o que se alinha com as suas aplicações estabelecidas na indústria. Esta visão é valiosa para compreender o comportamento do antraceno na sua análise de *A. annua,* particularmente no que diz respeito à sua relevância em contextos ecológicos e industriais.

O pico 20, identificado como fluoranteno, é classificado como um hidrocarboneto aromático policíclico complexo (PAH) devido à sua elevada estabilidade e longo tempo de retenção na análise cromatográfica. O fluoranteno é constituído por quatro anéis de benzeno fundidos, o que contribui para a sua estabilidade estrutural e o torna predominante em várias amostras ambientais. Relativamente aos resultados da Agência Internacional de Investigação sobre o Cancro (IARC, 2010), a agência sublinhou a importância do fluoranteno como um produto químico de preocupação ambiental devido à sua estabilidade e persistência nos sistemas ecológicos. De acordo com a IARC, o fluoranteno é frequentemente descoberto em amostras ambientais, nomeadamente as relacionadas com a queima de combustíveis fósseis e operações industriais, o que realça a sua estabilidade em várias matrizes ambientais. As suas descobertas apoiam a leitura de que o fluoranteno é um PAH estável e persistente, exibindo um longo tempo de retenção, o que é consistente com a sua ocorrência comum em amostras ambientais.

O pico 21, identificado como Pireno, a sua classificação como hidrocarboneto aromático policíclico (PAH) de elevada estabilidade reflecte-se nas suas caraterísticas estruturais e comportamento de retenção na análise cromatográfica. O pireno, composto por quatro anéis aromáticos fundidos, apresenta uma estabilidade significativa, baixa volatilidade e uma tendência para persistir em vários contextos ambientais. As conclusões de Obasohan *et al.* (2014) apoiam a sugestão de que o pireno é um PAH estável que é amplamente estudado devido ao seu potencial impacto ambiental. Esta compreensão é crucial para a vossa análise de *A. annua,* particularmente em termos de avaliação das implicações ecológicas e dos riscos para a saúde associados à presença de pireno em vários ambientes.

O pico 22, identificado como Pireno, 1-metilo, este composto, um derivado metil-substituído do pireno, mantém as caraterísticas de estabilidade do seu composto de origem, apresentando um longo tempo de retenção de 21,260 minutos na análise cromatográfica. A adição de um grupo metilo ao pireno aumenta a sua complexidade molecular, mas não altera significativamente a sua estabilidade global, permitindo-lhe persistir em contextos ambientais semelhantes aos do pireno. As conclusões de Srogi (2022) apoiam a interpretação de que o pireno, 1-metilo é um PAH metil-substituído estável com um longo tempo de retenção, indicativo da sua potencial persistência ambiental e relevância em estudos ecológicos. Esta compreensão é vital para a vossa análise de *A. annua*, especialmente no que diz respeito às implicações de tais compostos nas avaliações ambientais de saúde e segurança.

O pico 23, Benzo [ghi]fluoranteno, é um hidrocarboneto aromático policíclico (PAH) de elevada persistência, com uma estrutura complexa e um tempo de retenção de 23,063 minutos durante a análise cromatográfica. A sua estabilidade e os múltiplos anéis aromáticos fundidos contribuem para a sua persistência no ambiente. A compreensão deste composto é crucial para a análise de A. annua, pois ajuda a avaliar as implicações ecológicas e os riscos potenciais para a saúde associados a PAHs persistentes em vários ambientes Iwu, (2019).

O pico 24, identificado como 1H-Benz[f]indeno, 2-fenil, é classificado como um composto altamente complexo e estável e é sublinhado pelo seu tempo de retenção mais longo neste conjunto. Este tempo de retenção prolongado sugere fortes interações com a fase estacionária cromatográfica, reflectindo as complexidades estruturais e a estabilidade do composto. As conclusões de Abdin et al. (2022) apoiam a interpretação de que o 1H-Benz[f]indeno, 2-fenil é um composto altamente complexo e estável, tal como indicado pelo seu longo tempo de retenção. Esta compreensão é crucial para a vossa análise de A. annua, particularmente no que diz respeito às implicações destes compostos em estudos ambientais e aos potenciais riscos para a saúde associados aos PAH persistentes.

5.2 Conclusão

O estudo dos hidrocarbonetos aromáticos policíclicos (HAP) no extrato fermentado de folhas de *Artemisia annua* revelou uma gama diversificada de compostos com propriedades estruturais e tempos de retenção únicos que mostram a sua complexidade e estabilidade. Os PAH complexos, como o Benzo[ghi]fluoranteno e o 1H-Benz[f]indeno, 2-fenil, apresentam tempos de retenção mais longos, indicando maior estabilidade e persistência ambiental. Esta durabilidade suscita preocupações quanto à sua acumulação e biodisponibilidade, colocando ameaças significativas aos ecossistemas e à saúde humana. Os HAP metil-substituídos e complexos sublinham a importância da monitorização e avaliação contínuas, dada a sua capacidade para suscitar preocupações de exposição a longo prazo. A avaliação de PAHs em *A. annua* fermentada sublinha a relevância da planta em contextos ambientais e de saúde, fornecendo uma base para mais investigação sobre os seus papéis ecológicos e esforços de conservação.

5.3 Recomendação

1. Implementação da monitorização regular dos níveis de PAH em ambientes onde *A. annua* é cultivada e processada.
2. Educar as comunidades locais e as partes interessadas sobre os potenciais riscos para a saúde associados aos HAPs e a importância do manuseamento e processamento adequados de *A. annua*.
3. Fomentar a colaboração entre investigadores, cientistas ambientais, profissionais de saúde e decisores políticos para desenvolver estratégias abrangentes para gerir a contaminação por HAP e proteger a saúde pública.

REFERÊNCIAS

Abdin, M. Z., Alam, P., & Javed, S. (2022). Artemisia annua e seus derivados: Uma erva tradicional com implicações modernas. *Journal of Ethnopharmacology,* 284, 114845.

Ajibade, O. M., Adebayo, A. G., & Adelowo, O. A. (2023). Avaliação da segurança das plantas medicinais tradicionais na Nigéria: Um foco na contaminação por PAH. *Jornal de Ciência e Saúde Ambiental, Parte B,* 58(5), 349-358.

Akinmoladun, F. O., Olaleye, M. T., & Farombi, E. O. (2020). Avaliação das actividades antiproliferativas dos extractos de Artemisia annua e Moringa oleifera em linhas celulares de cancro da mama humano. *Jornal Nigeriano de Produtos Naturais e Medicina,* 24, 68-75.

Azeez, L., Adetona, M. O., & Tijani, K. O. (2020). Análise por cromatografia líquida de alta eficiência de hidrocarbonetos aromáticos policíclicos em peixes fumados: Implicações para a saúde pública. *Jornal Nigeriano de Investigação Química,* 25(1), 34-41.

Bocskay, K. A., Tang, D., Orjuela, M. A., Warburton, D. P., & Perera, F. P. (2005). Chromosomal aberrations in cord blood are associated with prenatal exposure to carcinogenic polycyclic aromatic hydrocarbons. *Cancer Epidemiology, Biomarkers & Prevention,* 14(2), 506-511.

Chen, Y., Wu, F., Liu, Y., & Zheng, J. (2015). Hidrocarbonetos policíclicos aromáticos em ervas medicinais: A review of sources, occurrence, and implications for human health. *Journal of Agricultural and Food Chemistry,* 63(45), 1005010059.

Chukwurah, P. N., Brisibe, E. A., & Ekerette, L. E. (2015). Avaliação comparativa de absinto anual e acessos locais de folha amarga para composição e atividade antioxidante. *SpatulaDD,* 5(4), 227-235.

IARC, (Agência Internacional de Investigação do Cancro). (2010). Monografias sobre a avaliação dos riscos cancerígenos para os seres humanos, alguns hidrocarbonetos aromáticos policíclicos não heterocíclicos e algumas exposições relacionadas, Lyon.

Iwu, M. M. (2019). Manual de Plantas Medicinais Africanas (2ª ed.). CRC Press.

Jiang, Y., Yang, F., Wu, J., & Zhang, R. (2021). O comportamento ambiental dos hidrocarbonetos aromáticos policíclicos (PAHs): Uma revisão de estudos recentes. *Environmental Science and Pollution Research,* 28(20), 24811-24831.

Kim, K. H., Jahan, S. A., Kabir, E., & Brown, R. J. (2013). A review of airborne polycyclic aromatic hydrocarbons (PAHs) and their human health effects. *Environment International,* 60, 71-80.

Larsen, J. C., & Baker, R. S. (2003). Environmental contaminants and human health (Contaminantes ambientais e saúde humana). *Environmental Health Perspectives,* 111(12), 1522-1528.

Liu, Q., Cui, L., & He, Q. (2021). Propriedades antiinflamatórias e antioxidantes da artemisinina em modelos de artrite reumatoide. *Journal of Ethnopharmacology,* 277, 114202.

Liu, Y., & Wang, X. (2023). Alterações induzidas pela fermentação em fitoquímicos: Implicações para os benefícios e riscos para a saúde. *Food Chemistry,* 376, 131829.

Nwachukwu, I. K., Njoku, K. L., & Edokpayi, J. N. (2018). Hidrocarbonetos aromáticos policíclicos em plantas medicinais dos mercados nigerianos: Um estudo de cromatografia líquida de alta eficiência. *Jornal de Ciência Ambiental e Saúde Pública,* 2(3), 167-179.

Obasohan, E. E., & Oronsaye, J. A. O. (2014). Distribuição de hidrocarbonetos aromáticos policíclicos (PAHs) em sedimentos e peixes do rio Warri, Nigéria. *Jornal de Monitorização e Avaliação*

Ambiental, 186(11), 7581-7591.

Okeke, C. C., Uchegbu, O. M., & Onyeka, C. E. (2023). Melhoria da atividade antimicrobiana em extractos fermentados *de Artemisia annua*: Implicações para a medicina tradicional na Nigéria. *Jornal Africano de Medicinas Tradicionais, Complementares e Alternativas,* 20(1), 45-52.

Olowoyeye, O. B., Adeyemi, A. S., & Olanrewaju, I. (2022). Efeitos da fermentação nas propriedades antioxidantes da *Vernonia amygdalina* (Folha Amarga). *Jornal Nigeriano de Produtos Naturais e Medicina,* 26, 112-120.

Oluwatuyi, M., Ayodeji, O., & Adewumi, B. (2023). A integração da *Artemisia annua* na medicina tradicional nigeriana: Uma análise do seu potencial e desafios. *Jornal Africano de Etnobotânica*, 15(2), 101-112.

Srogi, K. (2022). Impacto ambiental e riscos para a saúde dos hidrocarbonetos aromáticos policíclicos: A comprehensive review. *Toxicologia e Química Ambiental,* 41(3), 567-589.

Tu, Y. (2022). Artemisinina - Um presente da medicina tradicional chinesa para o mundo: Uma análise do Prémio Nobel da Fisiologia ou

Medicina de 2015. *Nature Medicine*, 28(5), 897-902.

Ukaogo, P. O., Nwachukwu, N., & Ogbu, H. N. (2021). Aromáticos policíclicos hidrocarbonetos no ambiente: Fontes, distribuição e implicações para a saúde humana. *Environmental Pollution andBioavailability,* 33(2), 129-142.